影子怪兽来了

金燕姬 编

辽宁科学技术出版社

·沈阳·

图书在版编目（CIP）数据

影子怪兽来了 / 金燕姬编. — 沈阳：辽宁科学技术出版社，2018.10
（科学妙想国）

ISBN 978-7-5591-0469-4

Ⅰ.①影… Ⅱ.①金… Ⅲ.①光学 – 少儿读物 Ⅳ.①O43-49

中国版本图书馆CIP数据核字(2017)第276841号

出版发行：辽宁科学技术出版社
　　　　　（地址：沈阳市和平区十一纬路25号　邮编：110003）
印 刷 者：辽宁新华印务有限公司
经 销 者：各地新华书店
幅面尺寸：170mm×240mm
印　　张：2.5
字　　数：60千字
出版时间：2018年10月第1版
印刷时间：2018年10月第1次印刷
责任编辑：姜　璐
封面设计：许琳娜
版式设计：许琳娜
责任校对：李淑敏

书　　号：ISBN 978-7-5591-0469-4
定　　价：16.80元

投稿热线：024-23284062　1187962917@qq.com
邮购热线：024-23284502

第一部分

啊，出现了影子怪兽！

很久很久以前，有一个由胆小鬼国王统治的王国。

可是有一天，这个王国里出现了一个怪兽。

半夜，士兵们听到奇怪的声音，便跑了出去，

他们看到城墙上有怪兽的影子，立刻跑回来向国王报告：

"陛下，在诅咒洞那边出现了一个非常大的怪兽！"

不出所料，胆小鬼国王还没等士兵说完话，已经钻到床底下去了。

他用颤抖的声音问道：

"什么，怪兽？还是在诅咒洞那边？"

诅咒洞位于城墙附近阴森森的树林里。

相传那个洞里有恶魔法师的诅咒，因此王国里的人谁也不敢靠近那个地方。

很久以前，有个迷路的孩子进入那个洞之后，到现在还没有出来呢。

"怎么办啊？送给他一些财宝是不是会走呢？"

本该坚守王国的国王只会说出这样的话。

不管怎样，先按照国王的指示将金银财宝放在了诅咒洞的洞口。

怪兽也该安静一阵儿了吧？

但这还没有完。每到夜晚，在诅咒洞那边，随着一道奇怪的光怪兽保准会出现。

"如果有谁能打败怪兽，我一定重赏他！"

但是，王国的人们都知道关于洞穴的故事，没有一个人敢站出来。

反而是听到消息的邻国人都纷纷聚集过来了。

"陛下，我可以赤手空拳逮住怪兽，您放心吧。"

曾经赤手空拳捕到过鲸鱼的人说。

"陛下，我会引诱怪兽掉进陷阱里的，您放心吧。"

据说跑得比鹿还快的人也说大话。

"陛下，我会把怪兽抛到空中摔死的，请您放心。"

曾经摔死过熊的人也插进来说。

　　夜深之后，城墙上再次出现了怪兽。这一下从邻国来的人们总算看清了怪兽的嘴有多大、前爪的趾甲有多锋利。而且怪兽从一个变成了两个，又从两个变成了三个。

　　"这个，不是一只啊？"

　　邻国的人们开始打退堂鼓了。赤手空拳捕过鲸鱼的人跳墙逃走了，跑得比鹿还快的人已经跑到树林里去了，摔死过熊的人恨不得把城门推倒后逃跑。

这一天，牧羊少年恰巧在树林里睡着了，所以比平时回家晚了点儿。少年从邻国刚到这里没多久，还没听说过诅咒洞的故事。所以，看到阴森森的树林那边有奇怪的光线，就很好奇地悄悄靠过去，想看个究竟。结果，牧羊少年无意间发现了诅咒洞怪兽的真相。

第二天，少年去找国王。在王国里，到处都是对诅咒洞出现的怪兽议论纷纷的人们。国王因为受了惊吓，哆嗦了一夜，结果生了病，正在床上哼哼唧唧呢。

"陛下，让我来打退怪兽吧。"

国王冷笑了一声。那些力大无比的人都没敢打一仗就溜掉了，这么一个不起眼的小孩儿能对付怪兽吗？也真够可笑的。

"陛下，我有打退怪兽的妙计，您就交给我吧。"

看到少年这么固执，国王很不耐烦地说：

"好吧，既然你心意已决，那就去试试吧。"

牧羊少年首先在王国里散布了一个谣言。

"国王从大海的对岸弄来了一只可以打败怪兽的猛兽。"

消息瞬间传出去，而且越传越神。

"国王带来的猛兽可了不得，个头儿高到天上去。"

"嘴也大得出奇，据说吞下一头大象都不费劲。"

人们相信那个可怕的猛兽一定能打败怪兽。

同时，牧羊少年和士兵们一起准备了一个声音响亮的大鼓和能照亮黑暗的火炬。然后他告诉士兵们在什么时间敲击大鼓、什么时间在哪里照亮火炬等。

这时，有个士兵一脸纳闷地向少年问道：

如果想了解光线的原理，请看书中第二部分的《基础练习室1》！

　　"只要用火炬照亮就可以吗？不是用火烧死怪兽吗？"

　　"只要照亮就可以啦，我们不是要利用火的性质，而是要利用光线的原理将怪兽撵走。"

　　但是，士兵们还是没弄明白少年到底要做什么。

夜深人静之后，果不其然，城墙上又出现了怪兽。

少年牵着一条狗靠近了怪兽。按照少年的指示，士兵们开始敲鼓，一个士兵举着火炬照在狗身上。

可是，这是怎么回事呢？城墙上出现的狗的影子比怪兽还大还恐怖。鼓声越来越大，狗被鼓声吓得抬起了前爪。结果，城墙上出现的影子犹如一只猛兽扑过来。

"好了，再把其他火炬点亮吧！"

听到少年的喊声，士兵们对着狗又点亮了几个火把。结果城墙上出现了好几个猛兽。就在这时，怪兽消失得无影无踪了！

"到时候啦！"

随着少年的喊声，火炬将城墙照得像白昼一样亮。

　　"哇！哇！"

　　事先藏好的士兵们一下子大声叫喊着冲了出来。

　　士兵们按照少年的指示，向诅咒洞的方向冲了过去。

　　"了不起啊，了不起！我们的百姓都像我一样勇猛啊。
可是，怪兽在哪儿呢？"

　　国王大喊着寻找怪兽。可是眼前只有几块破木板和几
个陌生人。

　　"陛下，他们就是怪兽。"

　　"什么话，他们怎么可能是怪兽？"

　　"人们看到的怪兽，其实是制作成怪兽模样的木板的
影子，怪兽发出的声音是他们几个吹的喇叭声。"

　　怪兽原来仅仅是几块破木板？国王无法相信。

　　"到底是怎么回事，说明白点儿！"

　　"陛下，先给您听一听怪兽的叫声吧。"

　　少年对着喇叭吹起来。每天夜里听到的从诅咒洞那边
传过来的怪兽的叫声响起来了。国王堵住耳朵喊道：

如果想了解更多有关影子大小和形状的知识，请看第二部分《基础练习室2》！

"那怪兽呢？怪兽是怎么回事？"

牧羊少年用火炬照亮了一个城墙下面的士兵，然后说：

"人离火炬越近，影子就会变得越大。如果拿着怪兽模样的木板像这样照，就可以把影子变大。"

"哦，是这样！原来不是怪兽，而是一帮贪图金银财宝的盗贼啊。可是，你是怎么知道盗贼们的计谋的？"

"几天前，我偶然在诅咒洞附近发现了奇怪的火光。那就是在城墙上制造出怪兽的盗贼们的火光。"

"那为什么不马上告诉我呢？"

"如果告诉了陛下，您一定会派出士兵们去抓捕。眼疾手快的盗贼们就会躲进诅咒洞的深处。相信诅咒的士兵们当然不敢进洞里去抓贼了。这就是盗贼们在诅咒洞闹事的原因啊。想让盗贼们从洞里走出来，只能使用这样的计策了。"

　　国王非常佩服牧羊少年的智慧，重赏了牧羊少年，还让牧羊少年帮助自己治理国家。

　　人们不断地赞美着牧羊少年，并亲切地称他为"影子少年"。

牧羊少年成为"影子少年"的原因！

　　帮助牧羊少年进行战斗的一个士兵留下了一本书，从书中可以了解到当时的情景。士兵说，他当时完全不知道为什么要用火炬照亮狗，为什么需要很多火炬等，他们只是按照少年的指示执行而已。

1 影子少年为什么散布谣言说弄来了一只可怕的猛兽呢？

　　那是为了让盗贼们自己从诅咒洞里出来而想出的一个计谋。散布谣言，使盗贼们相信真的有可怕的猛兽，然后用狗的影子假装成可怕的猛兽。因此，相信真的有可怕的猛兽出现的盗贼们吓得往洞外跑的时候，被士兵们抓到了。

2 影子少年说："不是用火的性质，而是用光线的原理。"
这是什么意思呢？

少年已经知道了诅咒洞里出现的怪兽是利用影子制作的
假怪兽。所以才说不需要用火烧，而是用光线照出影子，把
怪兽撵走就可以了。

3 影子少年要求点燃多个火炬是什么原因呢？

请点燃多个火炬！

点燃多个火炬是为了增加影子的数量。这跟之前盗贼们为了
增加假怪兽的数量而使用的方法是一样的，是为了让盗贼们看到
有很多可怕的猛兽。

胆小鬼国王

阿拉图王国的大臣阿卜杜尔写了一本书，书中描写了历史上胆子最小的"胆小鬼国王巴拉克三世"的故事。

巴拉克三世被叫作"胆小鬼国王"是有原因的。

打败怪兽之后，国王显得非常从容。胆小鬼国王甚至还希望偶尔出现怪兽呢。

"陛下，怪兽出现了。"

国王看到士兵的脸吓得煞白，嘲笑了一下，不以为然。他以为还和上次一样，是盗贼用影子模仿怪兽呢。

"城墙上出现了怪兽的影子吗？"

"是的，陛下。影子不知道有多大多可怕。"

听了士兵的话，国王勃然大怒。

"可恶的家伙，难道我会上两次当吗？给他浇点开水，狠狠地教训他一下！"

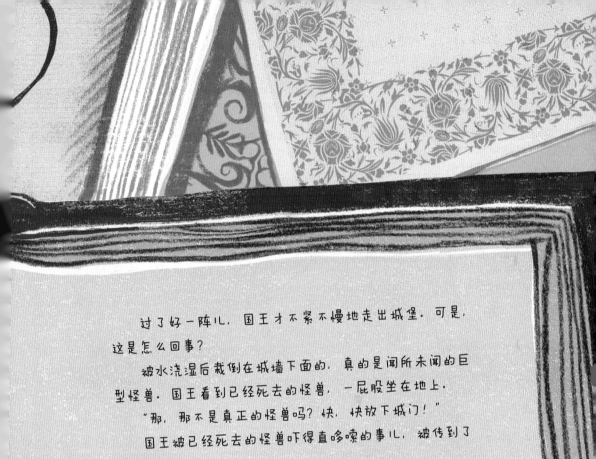

过了好一阵儿，国王才不紧不慢地走出城堡。可是，这是怎么回事？

被水浇湿后栽倒在城墙下面的，真的是闻所未闻的巨型怪兽。国王看到已经死去的怪兽，一屁股坐在地上。

"那，那不是真正的怪兽吗？快，快放下城门！"

国王被已经死去的怪兽吓得直哆嗦的事儿，被传到了很远的地方。

就这样，国王一辈子也没有摘掉胆小鬼的标签。

第二部分

胆小鬼国王也爱
不释手的影子百科

影子? 需要直射的光线!

我们的眼睛之所以能看到物体,是因为光线的作用。光线照到物体时,会反射回来,我们的眼睛就是靠反射回来的光线看到物体的。我们能看到的最明亮的光线就是阳光。太阳发射出来的光线照亮了约1亿5千万千米远的地球。除了像阳光这种自然光之外,还有人工制造的光线。比如家里的日光灯、照亮夜路的手电、汽车前照灯等,都像阳光一样能够帮助我们看到物体。

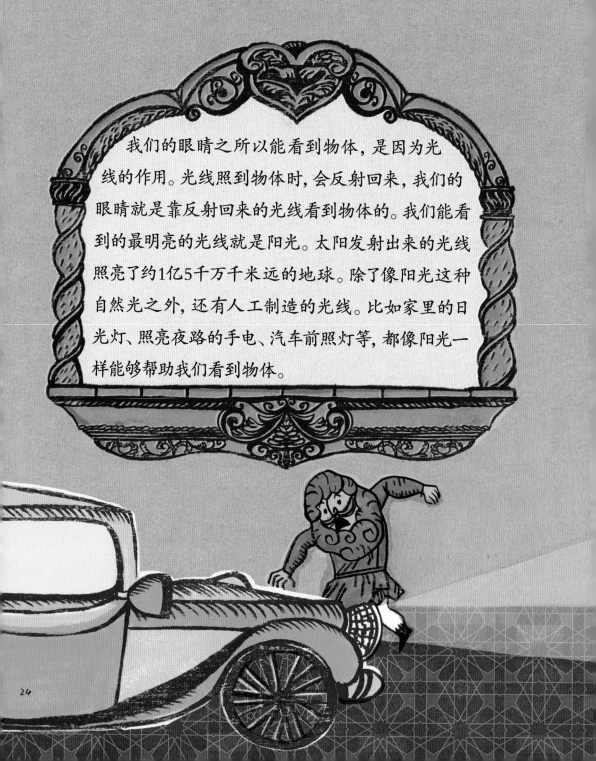

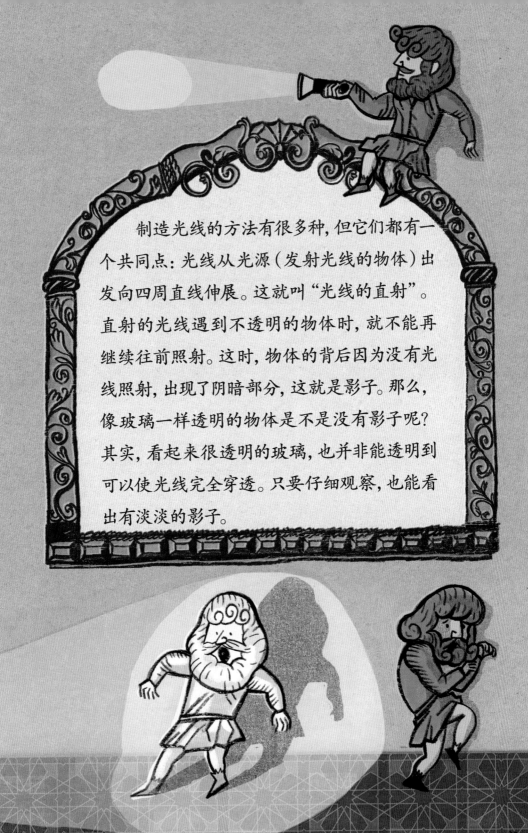

制造光线的方法有很多种，但它们都有一个共同点：光线从光源（发射光线的物体）出发向四周直线伸展。这就叫"光线的直射"。直射的光线遇到不透明的物体时，就不能再继续往前照射。这时，物体的背后因为没有光线照射，出现了阴暗部分，这就是影子。那么，像玻璃一样透明的物体是不是没有影子呢？其实，看起来很透明的玻璃，也并非能透明到可以使光线完全穿透。只要仔细观察，也能看出有淡淡的影子。

影子？听光线指挥的家伙！

光源的位置决定影子的方向。

从右边照射，影子就会出现在左边；从左边照射，影子就会出现在右边。如果，从上边照射，影子就会出现在下边。

影子的大小也会随着光源的位置改变。光源与物体之间的距离越近，影子也就越大。为什么会这样呢？因为物体离光源越近，被物体挡住的光线就越多，所以会形成更大的影子。

太阳的位置不同，影子的形状也不同。

影子会随着光线的不同种类发生变化。

太阳的光线虽然是从很远的地方照射来的，但因为非常明亮，而且是直线照射，遇到物体之后会形成界限分明的影子。

太阳光

但是，室内安装的白炽灯或日光灯，虽然离我们很近，却不如太阳的光线那么亮，所以影子边缘不那么鲜明。将一个球分别放在阳光和白炽灯或日光灯下比较一下就可以看出来了。

白炽灯光

如果想看看随不同的光线而变化的影子，请看第12~13页！

让人疑惑的影子，揭开光线的秘密

我是一名对隐形人非常感兴趣的学生。有一个问题让我非常疑惑。隐形人也有影子吗？

直射的光线遇到不透明的物体时，会被阻挡而无法通过，因而形成阴暗的部分，这就叫影子。反过来说，如果要形成影子就需要有一个阻挡光线通过的不透明物体。但是，我们在电影里经常看到的隐形人是透明的，无法用肉眼看到。因此，光线应该可以穿透隐形人，不会形成影子。这下疑惑解开了吧？

解疑屋

昨天偶然看到了红色的影子，让我大吃一惊。影子不都是黑色的吗？

不透明的物体挡住光线时会形成黑色的影子。

但是像玻璃纸那样可以模糊地看到对面的半透明物体却有所不同。和不透明的物体相比，半透明的物体不能完全阻挡光线。这时，半透明物体的颜色与光线一起照射在对面，因此，影子看起来像是有颜色的。

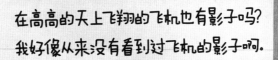

在高高的天上飞翔的飞机也有影子吗？我好像从来没有看到过飞机的影子啊。

不是所有可以阻挡光线的物体都能形成影子。在高空飞行的飞机，只要是在有阳光的天气当然也是有影子的。但是，形成的影子与飞机离得太远，影子与周围的光线混合在一起，变得非常模糊，因此，肉眼几乎看不到。拿着一枚硬币，放在靠近地面的地方，可以看到硬币的影子。但是，如果把硬币拿到靠近天花板的电灯附近，影子就会变得模糊不清。这个道理是一样的。

想知道现在是几点？看看影子吧！

准备物品
厚纸板、木棍、指南针、铅笔

1 在纸板的中间画上一对垂直的横线和竖线。

2 在横线和竖线相交的地方立上木棍。并标上东、西、南、北4个方向。

3

放在阳光充足的地方，让指南针的N极对准北方的标记。

第二天开始观察影子，确认前一天标注的时间是否正确。

4

花一天的时间，每过一小时，一边看钟表，一边在木棍的影子上做标记。

北

南

会发生什么呢？

花一天的时间做好太阳时钟之后，从第二天开始，只看影子就能知道时间啦。

为什么会这样呢？

太阳时钟是利用太阳的位置随时间的流逝移动一定距离的原理制作的。在一天的时间里，随着太阳的位移，看木棍的影子变换的方向就可以估计出时间了。

探索月食和日食的秘密！

地球的影子吞食月亮就是月食

地球的影子是可以在地球上观察到的最大的影子。地球在遮挡太阳光线的时候，月亮上出现了地球的影子。这种现象就是月食。月亮被地球的影子挡住一部分，叫月偏食；月亮被地球的影子完全遮挡，叫月全食。

太阳　　地球　　月亮

月亮的影子出现在地球上就是日食

　　日食就是月亮在地球和太阳之间经过的时候将太阳遮挡住的现象。太阳比月亮大400倍，但是月亮离太阳非常远，所以小月亮才可以挡住大太阳。月亮将太阳完全挡住时，叫日全食；只挡住一部分时，叫日偏食。

太阳　　月亮　　地球

揭秘暗号，抓住盗贼！

王国的藏宝库里潜入了盗贼，据可靠消息说，他们的影子和普通人不一样，样子非常奇怪。在下面的图中找出影子奇怪的人。把这些盗贼们手中的字连起来就可以知道秘密暗号了。

牧羊少年，请找出盗贼们的巢穴！

想去盗贼们的巢穴必须通过复杂的迷宫。只有正确回答出影子秘密的智力题，才能找到正确的路。请帮助牧羊少年顺利通过迷宫吧。

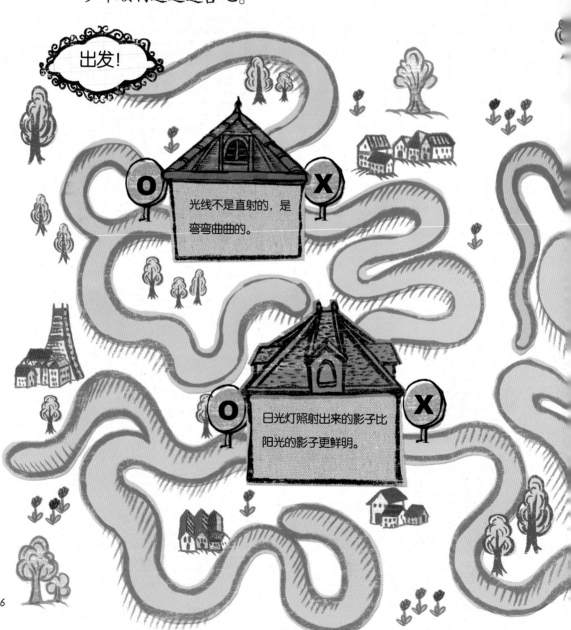

出发！

O X
光线不是直射的，是弯弯曲曲的。

O X
日光灯照射出来的影子比阳光的影子更鲜明。

光和影！

只有在有光线的地方才会出现影子。直射出去的光线被不透明的物体挡住后无法继续向前进，这时物体后方会出现光线无法到达的阴暗部分，这就是影子。

不同的光会形成不同的影子

阳光　　　白炽灯光

光源的种类不同，影子的鲜明度也不同。

一个光源　　　五个光源

光源的数量不同，影子的数量也不同。

早晨　　中午　　傍晚

光源的位置不同，影子的方向也不同。

从高处照射的光线　　　从低处照射的光线

光源的位置不同，影子的长度也不同。

远处的光源　　　　　　近处的光源

光源的位置不同，影子的大小也不同。

第34~35页　直射光线

第36~37页

地球的神秘来客

金燕姬 编

辽宁科学技术出版社
LIAONING SCIENCE AND TECHNOLOGY PUBLISHING HOUSE